50道超人氣 French Baking

法式烘焙

許正忠・陳其伯

著

進入法式烘焙的浪漫世界

法式烘焙，馳名世界，一直給人經典與浪漫的感覺，很多糕點都有著悠久的歷史與美麗的故事，更有些出現在名著小說當中，讓人為之深深著迷。

法國人的飲食文化十分講究與精緻是有目共睹的，烘焙尤其是經典中的經典。遠從 14 世紀開始，法式糕點就在師傅的巧思下，在當時的飲食市場流行；在 16 世紀發展達到一個高峰，許多經典的手藝都在那時候出現，成為烘焙師傅學習與傳承的項目。

法國人重視家庭與節慶，自然許多的經典來自於節慶時期的家庭餐桌，是團聚時必吃的點心；宗教的深厚影響力也使得修道院發明了許多的食物保存方式，例如法式軟糖製作方式流傳至今；貴族的奢華生活更帶動了許多烘焙師傅致力於製作許多別出心裁的創意點心，在上流社交圈中引發風潮；各地區域性的飲食習慣與特產，讓盛產的藍莓、杏桃等果物，成為遠近馳名的點心。

此外，烘焙也從基本蛋糕的技巧延續至華麗的外型裝飾，增加了視覺享受，同時也豐富了烘焙的內涵，例如慕斯類糕點就考驗著烘焙師傅的功力，除了基本蛋糕的製作、各式慕斯的應用、水果庫利的技巧與裝飾的創意美學，讓法式烘焙的領域充滿著無限的創意與美感。

事半功倍的好工具書

一道成功的甜點，可帶給人幸福的感覺，想要製作出完美的甜點，手上有一本工具書，可以達到事半功倍的效果。

自從認識其伯以來，他製作與研發甜點，認真的工作態度以及專業的工作技巧，帶給我很深刻的印象，這本書他也是以認真、專業的態度努力完成。

本書以法式甜點為主要焦點，內容有傳統、有創新，食材的選用和製作方式都是依據法國本地的方式完成。不但適合職場專業烘焙人士參考，對於初學者的進階學習，也有不少助益，是一本喜歡甜點的人不可多得的好書。

在此我誠摯恭喜其伯完成了這本書，更期待能儘快看到其伯其他烘焙書的出版。

礁溪長榮鳳凰酒店西點房副主廚

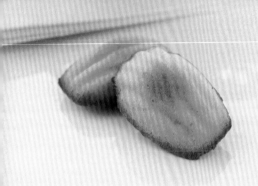

自序 1

在傳承中開創新意

在各式經典烘焙之中，法式烘焙一直是很多人追求的目標。法國對於飲食的講究，師傅對於手藝的執著，再加上當時貴族階層的飲食需求，還有當地盛產的食材，讓烘焙的領域走在世界的前端，成為眾所注目的焦點。

許多家喻戶曉的法式經典，有的來自於節慶的團聚傳統飲食，有些來自於修道院，有些則是製作給貴族享用，更有些是來自於盛產容易取得的果物，展現在媽媽的廚房中；不論如何，食物是做來分享給身邊的人，帶給大家喜悅的最好的禮物，是幸福的來源。

我從事烘焙工作多年，廣泛地接觸過各式領域，除了深受大眾喜愛的麵包、各式經典蛋糕、巧克力、伴手禮、各式主題蛋糕、餅乾小食等實用的主題之外，烘焙的世界就像是個無止盡的寶藏，等著懷抱熱情的有心人去發掘與開發。

因為常有機會遇到年輕的師傅與學生，也深感「蛋糕師傅」的學習與創新是永無止盡的，這次有機會帶領年輕的陳師傅一同進入法式烘焙的領域，除了傳統的經典蛋糕與製作方式之外，更在傳承的精神下努力開創新意，融入創新的想法，應用本地的水果，希望將更具特色的法式烘焙分享給各位讀者。

許正忠

專注帶來成就感，
成就感開啓更大的熱情

第一次感受到在廚房，可以帶來這麼大的喜悅和成就感，起源自國中的家政課。

當時的我，只是專注地做好了老師教導的項目，沒想到周圍的同學吃了都舉起拇指稱讚說好吃，讓我又驚又喜，更激發了我的熱情，想要一頭栽進除廚藝的世界。

國中畢業後，我到麵包店工作，一邊學習烘焙，一邊在學校讀書，工作和上課的時間之外，我經常讀關於飲食的漫畫書，無形間也影響了我，想要像漫畫書中那些專注、厲害的師傅看齊，用超群的廚藝帶給身邊的人喜悅與幸福。

在景文唸書的時候遇到了許老師，許老師的專業與殷勤的教導讓我在烘焙的領域中，有許多進步，我也從他身上看見一個烘焙師傅的榜樣。這次可以有機會將所鑽研的烘焙領域集結成食譜，很感謝許老師的提攜，同時也感謝職場上的前輩副主廚，給我很多的鼓勵與協助。

烘焙的路是無窮盡的熱情與學習，希望能夠將自己的心得帶給讀者烘焙的樂趣與幫助。

50道超人氣 French Baking 法式烘焙

目錄

香草戚風蛋糕

模型：8 吋蛋糕模（或薄膜）/ 60 cm x 40 cm 烤盤　　數量：2 個（或 6 個）/ 1 盤

材料：

蛋白 400 克、細砂糖 ❶200 克、塔塔粉 5 克、無鹽奶油 75 克、沙拉油 75 克、
牛奶 135 克、香草精 4 克、細砂糖 ❷60 克、低筋麵粉 210 克、玉米粉 15 克、
泡打粉 6 克、蛋黃 200 克

作法：

1　將無鹽奶油、沙拉油、牛奶、香草精煮至 80℃離火，加入細砂糖 ❷ 拌勻。

2　低筋麵粉、玉米粉，泡打粉過篩，再加入作法 1. 中混合拌勻。

3　將蛋黃加入作法 2. 拌勻成為蛋黃麵糊。

4　蛋白加入塔塔粉，打至微發，加入細砂糖 ❶ 續打至八分發，再加入作法 3. 一
　起混合均勻，即可倒入烤盤。

5　放入烤箱中以上火 200 ℃下火 180℃，烤約 28 分鐘。

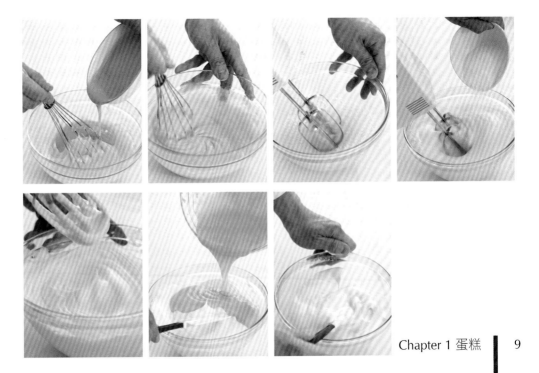

巧克力戚風蛋糕

模型：8 吋蛋糕模（或薄膜）/ 60 cm x 40 cm 烤盤　　數量：2 個（或 6 個）/ 1 盤

材料：

蛋白 400 克、細砂糖 ❶200 克、塔塔粉 5 克、奶油 75 克、沙拉油 75 克、
過篩可可粉 60 克、牛奶 135 克、細砂糖 ❷60 克、玉米粉 15 克、
泡打粉 4 克、低筋麵粉 140 克、蛋黃 200 克

作法：

1 將奶油、沙拉油、過篩可可粉、牛奶煮至 80℃離火，加入細砂糖 ❷ 拌勻。

2 低筋麵粉、玉米粉，泡打粉過篩，再加入作法 1. 混合拌勻。

3 將蛋黃加入作法 2. 拌勻成為巧克力蛋黃麵糊。

4 蛋白加入塔塔粉，打至微發，加入細砂糖 ❶ 續打至八分發，再加入作法 3. 一
   起混合拌勻，即可倒入烤盤。

5 放入烤箱中以上火 200℃下火 180℃，烤約 28 分鐘。

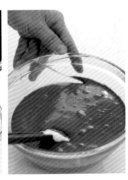

Chapter 1 蛋糕

延續了法式悠久的製作傳統，

不論是區域性的瑪德蓮、

應用在地食材的焦糖無花果、

或是歡度節慶的樹幹蛋糕、

甚至經典難忘的沙哈，

經典之味讓人永難忘懷。

瑪德蓮

經典的貝殼形狀，是法式道地的傳統點心，傳說以發明者瑪德蓮命名，是
百吃不膩的經典。名著「追憶逝水年華」中，將瑪德蓮沾上熱茶的吃法，
更增添了瑪德蓮的浪漫氣息。

模型：瑪德蓮軟烤模 　　　　數量：32 份

材料：

全蛋 100 克、細砂糖 90 克、蜂蜜 15 克、檸檬皮 1/2 個、檸檬油 1 克、

檸檬汁 20 克、中筋麵粉 100 克、泡打粉 1 克、奶油 100 克

作法：

1 全蛋加入細砂糖拌勻，再加入蜂蜜、檸檬皮、檸檬油和檸檬汁拌勻。

2 將中筋麵粉和泡打粉混合過篩，加入作法 2. 拌勻。

3 奶油融化，加入作法 2. 拌勻即可。

4 作法 3 麵糰冷藏靜置約 12 小時，再灌入模型至 6 分滿。

5 放入烤箱中以上火 220℃下火 220℃，烤約 15 分鐘。

金融家

又稱費南雪，也稱金磚蛋糕，起源自巴黎金融區，長方形金磚的外型充滿商業氣息，方便於商業人士食用而不會弄髒手，略帶濕潤口感中充滿了杏仁與奶香味，是法式經典蛋糕之一。

模型：6 cm × 3 cm × 2 cm（深）軟烤矽膠模　　數量：40 個

材料：

蛋白 400 克、糖粉 300 克、低筋麵粉 125 克、杏仁粉 125 克、泡打粉 1 克、奶油 150 克

作法：

1　將糖粉、低筋麵粉、杏仁粉，泡打粉過篩，充分混合後，加入蛋白拌勻。

2　奶油用小火煮至發出焦香味，用篩子過濾雜質後，加入作法 1. 中拌勻。

3　將作法 2 麵糊冷藏靜置 12 個小時，再灌模至 7 分滿。

4　放入烤箱中以上火 230℃下火 220℃，烤約 22 分鐘。

布朗尼

超人氣美式糕點布朗尼，
用高品質的巧克力呈現法式風情！

模型：60 × 40 cm 的烤盤　　　數量：1 盤

材料：

70% 苦甜巧克力 563 克、奶油 375 克、細砂糖 375 克、全蛋 375 克、
含籽香草精 25 克、高筋麵粉 300 克、半熟核桃 400 克

作法：

1　將 70% 苦甜巧克力和奶油隔水加熱融化備用。

2　細砂糖加入全蛋，再加入含籽香草精，攪拌至細砂糖溶解。

3　高筋麵粉過篩，再加入作法 2. 中拌勻。

4　將融化後的作法 1. 慢慢加入作法 3. 中。

5　最後將半熟核桃加入作法 4. 中拌勻，即可倒入烤盤。

6　放入烤箱中以上火 200 ℃下火 180℃，烤約 25 分鐘。

覆盆子溶岩巧克力

將巧克力內餡包覆在蛋糕麵糊內，經過烤焙後切開蛋糕，只見美麗的巧克力
溶岩緩緩流出，讓人看了驚喜不已。

模型：直徑 5 cm × 高 4 cm 圓烤模 　　數量：35 個

材料：

70% 苦甜巧克力 400 克、無鹽奶油 60 克、蛋黃 60 克、蛋白 300 克、
細砂糖 80 克、塔塔粉 6 克、低筋麵粉 45 克

● **內餡材料：**

動物性鮮奶油（乳脂 35%）150 克、覆盆子果泥 50 克、牛奶 160 克、
葡萄糖漿 20 克、70% 苦甜巧克力 230 克、覆盆子白蘭地 10 克

● **內餡作法：**

1 將動物性鮮奶油、牛奶、葡萄糖漿混合，加熱煮滾。

2 作法 1. 再沖入 70% 苦甜巧克力攪拌至融化。

3 作法 2. 加入覆盆子果泥使用均質機拌勻。

4 最後再加入覆盆子白蘭地拌勻，倒入四方模型抹平，放入冰箱冷凍冰藏。

5 冰凍凝固後，取出切 2.5 cm × 2.5 cm 大小。

作法：

1 苦甜巧克力加入奶油，隔水加熱融化備用；麵粉過篩。

2 蛋白加入細砂糖和塔塔粉，打發至 7 分發，再加蛋黃打至 8 分發，和作法 1
拌勻，再加入低筋麵粉輕輕拌勻，即成巧克力麵糊。

3 將巧克力麵糊灌入模型約 4 分滿，再放入一塊內餡，再填入巧克力麵糊至 7
分滿，即可進烤箱烘焙。

4 以上火 190 ℃下火 180℃，烤約 14 分鐘。

. . . .

Tips
專業的食品均質機可以將材料非常均勻的拌勻，使其毫無顆粒感般的柔滑，家
庭中如果沒有均質機，可以將材料倒入食物調理機，輕壓一秒，重複5~6次將
材料拌勻。

糖漬水果蛋糕

歷史悠久的糖漬水果蛋糕，起源自節慶的歡愉，延伸到家庭傳統的味道，
是最適合闔家享用的樸實點心，濃郁的果香與厚實的飽足感，深受女仕與孩童的喜愛。

模型：水果條蛋糕模 24 cm × 6 cm × 7.5 cm（長 × 高 × 寬）　　　數量：4 條

材料：

發酵奶油 500 克、糖粉 375 克、全蛋 500 克、奶水 100 克、高筋麵粉 500 克、
奶粉 120 克、泡打粉 20 克、酒漬白葡萄乾 300 克、糖漬蔓越莓 300 克、
糖漬橘皮 300 克

● 酒漬葡萄乾材料：

甜葡萄乾 500 克、蘭姆酒適量（可將葡萄乾完全浸泡）

● 糖漬蔓越莓材料：

蔓越莓乾 500 克、細砂糖 200 克、開水適量（可將蔓越莓乾完全浸泡）
水果白蘭地 100 克

● 酒漬葡萄乾作法：

甜葡萄乾用開水洗淨後瀝乾，加入蘭姆酒浸泡一天，使葡萄乾入味。

● 糖漬蔓越莓作法：

細砂糖加開水拌勻，加入蔓越莓乾和水果白蘭地，浸泡一天。

作法：

1 發酵奶油加入糖粉，打至微發。

2 將全蛋慢慢加入作法 1. 中拌勻。

3 再將奶水慢慢加入作法 2. 中拌均。

4 將高筋麵粉、奶粉，泡打粉混合過篩，再加入作法 3. 中拌均。

5 再將酒漬葡萄乾，糖漬蔓越莓、糖漬橘皮，加入作法 4. 拌勻。

6 放入烤箱中以上火 210℃下火 210℃烤焙，烤焙時待表面稍微著色（約
烤 20 分鐘時），將蛋糕表面中間割一刀，使產生裂痕，之後再將上火
降溫至 180℃，再烤至熟，共需烤焙約 45 分鐘。

焦糖無花果

糖漬無花果的甜美搭配焦糖的微苦,讓傳統水果蛋糕別有風情。

模型:水果條蛋糕模 24 cm × 6 cm × 7.5 cm(長 × 高 × 寬)　　數量:3 條

材料：

細砂糖 150 克、動物性鮮奶油 100 克、蘭姆酒 30 克、發酵奶油 275 克、
糖粉 225 克、葡萄糖漿 30 克、含籽香草精 3 克、全蛋 225 克、蛋黃 80 克、
杏仁粉 45 克、低筋麵粉 120 克、高筋麵粉 170 克、泡打粉 5 克、
糖漬無花果 225 克、半熟核桃 100 克

裝飾材料：

新鮮無花果 1 個（切半）、巧克力球 3 個（墊無花果用）、糖粉適量

● 糖漬無花果材料：

無花果乾 500 克、細砂糖 250 克、開水適量（可將無花果乾完全浸泡）、
香草莢 1/2 枝、蘭姆酒 100 克

●糖漬無花果作法：

將香草莢和細砂糖加入開水中拌勻浸泡，再加入無花果乾與蘭姆酒，浸泡二
天，使無花果乾完全入味。

作法：

1 將細砂糖煮至焦糖狀，再加入動物性鮮奶油和蘭姆酒拌勻。

2 發酵奶油加入糖粉、葡萄糖漿和含籽香草精打發。

3 全蛋加入蛋黃打發，再加入作法 2. 中拌勻，之後再加入作法 1. 拌勻。

4 將杏仁粉、低筋麵粉、高筋麵粉和泡打粉過篩，加入作法 3. 中拌勻成麵糊。

5 將糖漬無花果打成泥狀，加入作法 4. 麵糊，再加入半熟核桃拌勻。

6 將作法 5. 麵糊平均分配倒入模型後，放入烤箱中以上火 200℃下火 180℃烤
至表面上色（約烤 20 分鐘時），將上火降至 180℃，再烤約 25 分鐘至熟。

7 烤好的蛋糕表面裝飾以糖粉和無花果與巧克力即可。

歐培拉

又稱歌劇院蛋糕（Opera），法國經典蛋糕之一，杏仁、咖啡、巧克力、奶油霜等多層夾餡的
完美組合，吃來有如歌劇豐富的味蕾體驗，是最大的特色。

模型：60 cm × 40 cm 烤盤　　數量：2 盤

材料：

糖粉 150 克、杏仁粉 150 克、蛋黃 125 克、蛋白 ❶80 克、蛋白 ❷275 克、細砂糖 100 克、塔塔粉 4 克、高筋麵粉 120 克

● **裝飾材料：**

紅醋栗 5 個、食用金箔少許

夾層奶油餡材料：

奶油 475 克、水 100 克、糖 175 克、蛋黃 175 克

● **甘納許材料：**

70% 苦甜巧克力 425 克、牛奶 185 克、動物性鮮奶油（乳脂 35%）185 克

糖水液材料：

蘭姆酒：咖啡：果糖 = 1：1：1

● **夾層奶油餡作法：**

水加糖煮至 115℃，加入打發蛋黃後繼續攪拌，待溫度降至 30℃時，加入奶油打發即可。

● **甘納許作法：**

將動物性鮮奶油加入牛奶煮滾，再沖入苦甜巧克力拌勻即可。

作法：

1 將糖粉、杏仁粉、蛋黃和蛋白 ❶ 混合，以中速打發約 20 分鐘。

2 蛋白 ❷ 加入塔塔粉，打至微發，再加入細砂糖打至濕性發泡。

3 將作法 1. 和作法 2. 混合拌勻。

4 再將高筋麵粉加入作法 3. 拌勻。

5 平均分成二份倒入烤盤中，將表面抹平。

6 放入烤箱中以上火 210℃下火 200℃，烤約 12 分鐘。

組合：

1 將烤好的杏仁蛋糕體切成 8.5 cm × 40 cm 大小共 7 等份（兩盤共 14 等份）。

2 將杏仁蛋糕體均勻刷上一層糖水液，再抹上一層奶油餡。

3 再鋪上一層蛋糕體，刷上一層糖水液，再抹上一層甘納許。

4 重覆作法 2. 和作法 3. 過程，最後將最上層再抹上一層奶油餡（需共 7 層杏仁蛋糕），之後放入冰箱冷藏冰硬，之後再抹上一層甘納許，再冷藏即可。

5 切成個人喜愛的方型大小，以紅醋栗和金箔裝飾。

樹幹蛋糕

法式傳統聖誕節年節糕點。遊子們都回到家,全家團聚在暖爐前,
一邊守著平安夜,一邊吃著樹幹蛋糕,佐咖啡或熱茶,是非常重要的家庭節慶點心。

模型:60 cm × 40 cm 烤盤　　數量:1 盤

材料:

蛋黃 180 克、細砂糖 100 克、70% 苦甜巧克力 220 克、蛋白 360 克、

細砂糖 100 克、塔塔粉 8 克

● **甘納許材料：**

70% 苦甜巧克力 500 克、動物性鮮奶油（乳脂 35%）260 克、

打發動物性鮮奶油（乳脂 35%）100 克

● **鏡面巧克力材料：**

牛奶 150 克、葡萄糖漿 15 克、70% 苦甜巧克力 150 克、披覆巧克力 300 克、

無鹽奶油 15 克

裝飾材料：

糖栗子 6 個、巧克力片適量、開心果屑少許、裝飾用巧克力豆（金色和紅色）少許

● **甘納許作法：**

將 70% 苦甜巧克力和動物性鮮奶油隔水加熱溶解，再降溫至室溫，加入打發動物

性鮮奶油拌勻，再以均質機拌勻使其乳化。

● **鏡面巧克力作法：**

將牛奶加入葡萄糖漿煮滾後離火，沖入苦甜巧克力和披覆巧克力拌至融化，加入奶

油拌至完全乳化有光澤。

作法：

1 將蛋黃和細砂糖打發。

2 將 70% 苦甜巧克力隔水加熱融化，加入作法 1. 中拌勻。

3 蛋白加塔塔粉先稍微打發，再將細砂糖加入打至七分發。

4 將作法 2. 和作法 3. 混合拌勻，倒入烤盤中抹平。

5 放入烤箱中以上火 180℃下火 180℃，烤約 14 分鐘。

. . . .

組合：

1 將蛋糕體放置白報紙上，表面朝上，表面抹上一層甘納許，用擀麵棍將蛋糕捲起，
包覆冰藏成形。

2 成形後，在蛋糕捲表面抹上一層甘納許，再放入冰箱冷藏凝固，之後淋上鏡面巧克
力，待稍微凝固後，用抹刀抹出樹紋，再以裝飾材料裝飾即可。

. . . .

Tips

批覆巧克力是指不需要調溫的巧克力，可以買現成的。

沙哈

源自於維也納的沙哈蛋糕,在法國師傅的手中展現了優雅的風情。結合了巧克力蛋糕與杏桃果醬的美味,再淋上光滑的鏡面巧克力,法式經典於是誕生。

模型:8 吋蛋糕模　　數量:1 個

材料：

發酵奶油 100 克、細砂糖 36 克、蛋黃 100 克、70% 苦甜巧克力 100 克、
蛋白 200 克、塔塔粉 2 克、細砂糖 100 克、低筋麵粉 100 克

裝飾材料：紅醋栗 7 個、食用金箔少許

組合材料：市售杏桃果醬適量

● **巧克力奶油餡材料：**

發酵奶油 180 克、蛋黃 40 克、細砂糖 80 克、水 30 克、蛋白 40 克、
70% 苦甜巧克力 180 克、白蘭地 10 克

● **鏡面巧克力材料：**

牛奶 150 克、葡萄糖漿 15 克、70% 苦甜巧克力 150 克、披覆巧克力 300 克、
無鹽奶油 15 克

● **巧克力奶油餡作法：**

1 蛋白打發至溼性。

2 將細砂糖加水，煮至 115 ℃，沖入作法 1. 打發蛋白中，續打成義大利蛋白霜。

3 發酵奶油加入蛋黃打發，加入作法 2. 拌勻。

4 苦甜巧克力隔水融化，加入作法 3. 拌勻，再加白蘭地拌勻。

● **鏡面巧克力作法：**

將牛奶加入葡萄糖漿煮滾後離火，沖入苦甜巧克力和披覆巧克力拌至融化，加入奶油拌至完全乳化有光澤。

作法：

1 將發酵奶油加入細砂糖打發，再將蛋黃分次加入拌勻。

2 苦甜巧克力隔水融化，加入作法 1. 中拌勻。

3 將蛋白加入塔塔粉，打至微發，再加入細砂糖打至濕性發泡。

4 將作法 3. 加入作法 2. 拌勻。

5 低筋麵粉過篩，再加入作法 4. 中拌勻後倒入模型中。

6 放入烤箱中以上火 200℃下火 200℃，烤約 40 分鐘。

組合：

蛋糕體一切 3 等份，中間夾層夾入巧克力奶油餡，表面均勻塗抹杏桃果醬，最後淋上鏡面巧克力後，放入冰箱冷藏至凝固，再以裝飾材料裝飾即可。

Tips
義大利蛋白霜不同於一般的蛋白霜，需要將砂糖先和水混合煮至 115℃，吃起來口感更為輕盈綿密。

Chapter **2**　塔 & 派

在傳統中發揮新意，

活用東方人氣水果 & 海鮮食材，

讓法式塔 & 派展現熱帶風情。

除了傳統法式藍莓塔與杏桃酥派，

更有加入百香果的酸甜黃金塔，

道地東方水果香蕉製作的楓糖芭娜娜，

11 種新舊交融的創意美味塔派。

塔皮
& 派皮

甜塔皮

模型：8 吋活動塔模／直徑 60cm x 高 35cm
圓模　　數量：4 個／ 10 個

● 甜塔皮材料：

無鹽奶油 225 克、糖粉 150 克、全蛋 75 克、
檸檬皮屑 1 個、低筋麵粉 475 克、
泡打粉 2 克

● 甜塔皮作法：

1　奶油加入糖粉拌勻，再將全蛋慢慢加入攪拌均勻。

2　將低筋麵粉和泡打粉混合過篩。

3　過篩粉類及檸檬皮屑加入作法 1. 中拌勻，即成塔皮。

4　將塔皮撖成 0.3 cm 厚，壓模成型即可。

杏仁塔皮

模型：直徑 10 cm 圓模　　數量：12 個

● 杏仁塔皮材料：

無鹽奶油 250 克、糖粉 150 克、全蛋 75 克、
杏仁粉 120 克、低筋麵粉 430 克、
泡打粉 2 克

● 杏仁塔皮作法：

1　無鹽奶油加入糖粉拌勻，再將全蛋慢慢加入攪拌均勻。

2　將杏仁粉、低筋麵粉和泡打粉混合過篩。

3　過篩粉類加入作法 1. 中拌勻，即成杏仁塔皮。

4　將塔皮撖成 0.3 cm 厚，壓模成型即可。

派皮

模型：8 吋派盤　　數量：2 個

● **派皮材料：**

中筋麵粉 500 克、無鹽奶油 120 克、鹽 8 克、
水 280 克、細砂糖 18 克、片裝奶油 350 克

● **派皮作法：**

1　將中筋麵粉，無鹽奶油、鹽、細砂糖和水，全部攪
　　拌至完全擴展，將麵糰做成球狀，表面切割十字後，
　　用保鮮膜完全包覆，放置 1 ～ 2 個小時鬆弛。

2　將鬆弛過的麵糰撖成四方型，將片狀奶油包覆在麵
　　糰裡面，再用撖麵棍撖成 15 cm × 45 cm 的大小正
　　長方形狀。

3　將麵糰分成三等份重疊折起。

4　再重覆作法 2. 和作法 3. 過程五次後，用保鮮膜包覆
　　冷藏鬆弛即可。

檸香乳酪塔

香醇濃郁的乳酪,飄著淡淡的檸檬香,讓午茶時光充滿好心情。

模型:8 吋活動塔模　　數量:3 個

甜塔皮:材料和作法請見 P.38。

材料:

全蛋 600 克、細砂糖 375 克、牛奶 200 克、無鹽奶油 350 克、奶油乳酪 375 克、檸檬汁 150 克、檸檬皮屑 3 個、低筋麵粉 375 克、泡打粉 25 克

裝飾材料:檸檬皮絲 1 ～ 2 個

作法:

1　將無鹽奶油、牛奶、奶油乳酪隔水加熱,融化拌勻。

2　低筋麵粉過篩,再和細砂糖、泡打粉拌勻,加入全蛋拌勻,再加入檸檬汁、檸檬皮屑拌勻。

3　將做法 1. 加入作法 2. 中拌勻,即成檸檬乳酪餡。

4　將作法 3. 完成的檸檬乳酪餡倒入甜塔皮模型內至八分滿,放入烤箱中以上火 230℃下火 210℃,烤約 35 分鐘。

5　烤好的檸香乳酪塔以檸檬皮絲裝飾表面即可。

藍鑽塔

一顆顆紫豔欲滴的小藍莓寶石，
藏在寶盒般的法式甜塔皮內。

模型：直徑 60 cm × 高 3.5 cm 圓模　　數量：10 個

甜塔皮：材料和作法請見 P.38。

奶油藍莓餡材料：

市售罐頭小藍莓 425 克、奶油 35 克、牛奶 200 克、檸檬汁 50 克、全蛋 65 克、
蛋黃 40 克、細砂糖 75 克、低筋麵粉 40 克、玉米粉 20 克

裝飾材料：藍莓醬適量、果膠適量

作法：

1　罐頭小藍莓將顆粒和藍莓汁分離。

2　將藍莓汁、奶油和牛奶一起煮滾。

3　低筋麵粉和玉米粉混合過篩，再加入細砂糖拌勻，再加入全蛋及蛋黃拌勻成
　麵糊。

4　將煮滾的作法 2. 沖入作法 3. 麵糊中，再回煮至滾，再拌入藍莓粒和檸檬汁，
　即成奶油藍莓餡。

5　將奶油藍莓餡灌入塔杯內至八分滿，放入烤箱中以上火 200℃下火 210℃，
　烤約 28 分鐘。

6　烤好的藍莓塔擠入藍莓醬至滿，表面抹上果膠即可。

黃金塔

法式傳統杏仁蛋白餅達克瓦滋，結合甜塔皮展現華麗風情！
閃耀著金色光芒的百香果，更增添酸甜滋味。

模型：8 吋活動塔模　　數量：3 個

甜塔皮：材料和作法請見 P.38。

● **榛果脆片材料：**

芭芮脆片（或巧克力脆片）250 克、榛果醬 80 克、70% 苦甜巧克力 165 克

● **熱帶水果凝乳材料：**

熱帶水果果泥 188 克、全蛋 180 克、細砂糖 112 克、奶油 260 克、
吉利丁片 4 克、冰水 24 克

● **達克瓦滋材料：**

蛋白 100 克、細砂糖 100 克、糖粉 50 克、杏仁粉 50 克、糖粉少許

● **百香果鏡面材料：**鏡面果膠 200 克、百香果泥 40 克、百香果適量

組合材料：白巧克力適量

● **榛果脆片作法：**

榛果醬加入苦甜巧克力隔水加熱融化，使用均質機攪拌均勻，加入
芭芮脆片（或巧克力脆片）用橡皮刮刀拌勻。

● **熱帶水果凝乳作法：**

1 全蛋加入細砂糖拌勻，沖入煮滾的熱帶水果果泥煮至 85℃ 離火。

2 吉利丁片加冰水泡軟，加入作法 1. 降溫至 50℃。

3 作法 2. 加入奶油，以均質機攪拌均勻即可。

● **達克瓦滋作法：**

1 蛋白和細砂糖打發成蛋白霜。

2 杏仁粉和糖粉混合過篩，加入作法 1. 中輕輕混合拌勻。

3 作法 2. 裝入擠花袋，擠在烤盤紙上，擠約直徑 17 cm 大小的圓。表
面撒上糖粉，放入烤箱中以上火 180℃ 下火 190℃，烤約 30 分鐘左
右即可。

● **百香果鏡面作法：** 百香果泥加鏡面果膠和百香果拌勻即可。

. . . .

組合：

1 烤熟甜塔皮冷卻後，內部塗抹薄薄一層白巧克力。

2 將榛果脆片倒入塔皮內鋪底，再放上達克瓦滋，表面抹上水果凝乳，使
呈現半圓狀，等凝固後，最後再抹上百香果鏡面即可。

. . . .

Tips
專業上會使用芭芮脆片取代巧克力脆片，如果買不到，除了巧克力脆片之外，
還可以用一般玉米片沾覆加熱熔化的巧克力放涼後取代，但是口感會不同。

香橙巧克力塔

法式香橙塔的巧克力版本。
濕潤的巧克力戚風蛋糕，用橙香巧克力包覆起來，每一口都是迷人好味道。

模型：8 吋活動塔模　　數量：2 個

甜塔皮：材料和作法請見 P.38。

巧克力戚風蛋糕：材料和作法請見 P.10。

裝飾材料：市售香吉士片 8 片

● 桔香甘納許材料：

70% 苦甜巧克力 500 克、動物性鮮奶油（乳脂 35%）555 克、
轉化糖漿 55 克、無鹽奶油 200 克、糖漬桔子皮 180 克、
香橙干邑甜酒 80 克

● 鏡面巧克力醬材料：

70% 苦甜巧克力 100 克、披覆巧克力 200 克、牛奶 100 克、
麥芽糖 10 克、無鹽奶油 10 克

● 橙香甘納許作法：

1 苦甜巧克力、動物性鮮奶油和轉化糖漿隔水加熱溶解。

2 溶解後的作法 1. 降溫至 35℃，再加入奶油拌勻，再加入橙酒和桔子皮
拌勻，即成橙香甘納許。

● 鏡面巧克力作法：

1 苦甜巧克力、披覆巧克力、牛奶和麥芽糖隔水加熱溶解。

2 溶解後的作法 1. 降溫至 35℃，再加入奶油拌勻，即成鏡面巧克力。

. . . .

組合：

1 甜塔皮放入烤箱中以上火 180℃下火 180℃，烤約 30 分鐘至熟。

2 烤好的甜塔皮內部底層先擠一些甘納許，上面放上巧克力戚風蛋糕，接著倒
入甘納許至塔皮內九分滿，之後放進冰箱冷卻凝固。

3 最後再倒入鏡面巧克力至滿，表面裝飾以香吉士片。

. . . .

Tips
裝飾用香吉士片如果要用新鮮香吉士的話，需要將香吉士片放入糖水中煮至
稍微濃稠即可。

堅果塔

濃郁的太妃糖醬，配上各式健康堅果，杏仁塔皮內的香脆幸福。

模型：直徑 10 cm 圓模　　　數量：8 個

杏仁塔皮：材料和作法請見 P.38。

裝飾材料：開心果碎少許

● **杏仁麵糊材料**：

糖粉 200 克、常溫無鹽奶油 200 克、杏仁粉 60 克、低筋麵粉 150 克、泡打粉 2 克、全蛋 200 克

● **焦糖堅果材料**：

杏仁條 80 克、腰果 130 克、帶皮榛果 80 克、帶皮開心果 50 克、夏威夷果 70 克、細砂糖 150 克、水 35 克、動物性鮮奶油 30 克

● **杏仁麵糊作法**：

1 糖粉加入常溫無鹽奶油拌勻，再慢慢加入全蛋拌勻。

2 將杏仁粉、低筋麵粉和泡打粉混合過篩，再加入作法 1. 中拌勻，即成杏仁麵糊。

● **焦糖堅果作法**：

1 將細砂糖和水煮成焦糖後，加入鮮奶油煮至完全溶解，即成太妃焦糖醬。

2 杏仁條、腰果、榛果、開心果和夏威夷果，放入烤箱用 150℃烘烤 25 分鐘，烤熟。將烤熟的堅果類混合作法 1. 太妃焦糖醬，即成焦糖堅果。

組合：

1 將杏仁塔皮壓模成形，塔模中心擠入杏仁麵糊至 6 分滿，放入烤箱中以上火 220℃下火 200℃，烤約 22 分鐘。

2 烤熟後的杏仁塔，上面鋪上焦糖堅果後，再放入烤箱以上火 180℃烤約 7 分鐘，將焦糖堅果多餘的水分蒸發，完全附著於杏仁塔上。

3 出爐後的杏仁塔以少許開心果碎裝飾，即成堅果塔。

楓糖芭娜娜

雪白色的外衣下，暗藏楓糖與香蕉的美味驚喜。鮮滑的口感中，吃得到豐厚果香。

模型：直徑 6 cm × 高 1.5 cm 圓模　　數量：25 個

杏仁塔皮：材料和作法請見 P.38。

裝飾材料：鮮奶油適量、糖粉適量、巧克力裝飾插牌 25 個

組合材料：白巧克力適量

● **炒香蕉材料**：香蕉 110 克、無鹽奶油 10 克、58% 干邑白蘭地 10 克

● **楓糖蛋液材料**：

全蛋 110 克、蛋黃 35 克、二號砂糖 40 克、卡士達粉 55 克、含籽香草醬 2 克、牛奶 200 克、動物性鮮奶油 300 克、58% 干邑白蘭地 10 克、楓糖糖漿 170 克

● **炒香蕉作法**：

1 將香蕉切成約 1.5 cm 厚片。平底鍋內放入奶油，待奶油融化後，加入香蕉片以中火炒至熟透。

2 將白蘭地倒入炒香蕉中，點火燃燒使酒精揮發。

● **楓糖蛋液作法**：

1 二號砂糖、卡士達粉和含籽香草醬加入全蛋、蛋黃拌勻。

2 動物性鮮奶油和牛奶混合，加溫至 40℃，加入作法 1. 拌勻。

3 再將白蘭地和楓糖糖漿倒入作法 2. 拌勻，即成楓糖蛋液。

組合：

1 將杏仁塔皮壓模成形的塔殼，中心放烤焙紙和生紅豆粒，放入烤箱中以上火 170℃／下火 170℃，烤約 30 分鐘。

2 烤熟的塔殼冷卻後，內部塗抹薄薄的一層白巧克力，再放入一片炒香蕉。

3 將楓糖蛋液倒入塔殼中至滿，放入烤箱中以上火 150℃／下火 150℃烤約 27 分鐘至熟，即成楓糖芭娜娜。

4 待冷卻後，在表面擠鮮奶油，撒上糖粉，再插上巧克力裝飾插牌即可。

貴族蘋果派

家常小點法式蘋果派，充滿著童年的午後記憶。
內藏巧克力戚風蛋糕增添風味。

數量：12 cm x 42 cm 一條

派皮作法：

1 材料和作法請見 P.39。

2 將鬆弛過的派皮，再撖成約 3.5mm 薄的派皮，分別為一片 12 cm x 42cm，和二片 3 cm x 42cm 的派皮。

巧克力戚風蛋糕：材料和作法請見 P.11。

（選擇 60 cm × 40 cm 烤盤，共可完成約 10 份 6 cm × 40 cm 所需蛋糕。）

裝飾材料：新鮮蘋果 1 個、開心果碎少許

組合材料：全蛋液少許、細砂糖少許

● 杏仁蘋果餡材料：

常溫無鹽奶油 100 克、糖粉 100 克、全蛋 50 克、杏仁粉 120 克、
低筋麵粉 40 克、玉桂粉 8 克、蘋果香甜酒 30 克

● 杏仁蘋果餡作法：

1 常溫無鹽奶油和糖粉拌勻，再慢慢加入全蛋拌勻。

2 將杏仁粉、低筋麵粉和玉桂粉過篩，加入作法 2. 中拌勻。

3 最後加入蘋果白蘭地拌勻即可。

組合：

1 將 12 cm x 42 cm 派皮表面抹上一層薄薄的水，左右兩側再鋪上 3 cm x 42 cm 的派皮，使用刀背在派皮二側劃刀，使二張派皮可完全貼覆，再用叉子在兩側 3 cm x 42 cm 的派皮上戳孔（以免派皮過膨漲），之後刷上全蛋液，撒上細砂糖，備用。

2 將組合好的派皮中 6 cm x 42 cm 的空間，先擠上薄薄一層杏仁蘋果餡，再覆蓋一塊 6 cm x 40 cm 的巧克力戚風蛋糕，在蛋糕上再擠上一層杏仁蘋果餡。

3 新鮮蘋果切薄片，浸泡鹽水，再用乾淨的布將水份吸乾，鋪在作法 2. 最上層。

4 放入烤箱中以上火 210℃／下火 200℃，烤約 25 分鐘即可。出爐放涼後切塊，表面裝飾以開心果碎即可。

杏桃酥派

酥脆多層次的外皮，內藏著香濃滑嫩的杏仁奶油，
配上甜美的杏桃與濕潤的巧克力戚風蛋糕。

工具：切割用波浪輪刀　數量：8 cm × 30 cm 一條

派皮：材料和作法請見 P.39。

將鬆弛過的派皮，再擀成約 3.5mm 薄的派皮，切割成二塊 8 cm × 30 cm 的派皮備用。

巧克力戚風蛋糕：材料和作法請見 P.10。

（選擇 60 cm × 40 cm 烤盤，共可完成約 16 份 5 cm × 27 cm 所需蛋糕。）

組合材料：

市售杏桃果醬適量、熟杏仁片適量、糖漬杏桃水果適量、蛋黃液適量

● **杏仁奶油餡材料：**

無鹽奶油 37.5 克、牛奶 400 克、全蛋 60 克、蛋黃 45 克、細砂糖 75 克、低筋麵粉 35 克、玉米粉 20 克、杏仁酒 80 克

● **杏仁奶油餡作法：**

1 將低筋麵粉和玉米粉過篩，加入細砂糖攪拌均勻，再加入全蛋和蛋黃拌勻。

2 牛奶煮滾，沖入作法 1.，再回煮至滾（過程須不停攪拌），離火。

3 作法 2. 加入奶油和杏仁酒拌勻即可。

- -

組合：

1 將一塊派皮，抹上薄薄一層杏桃果醬，再將 5 cm × 27 cm 大小巧克力戚風蛋糕放在派皮上，擠上杏仁奶油餡，鋪上糖漬杏桃水果，再蓋上另一塊派皮，輕壓四週使上下的派皮可以緊密黏合，再以波浪輪刀切割修整，兩側派皮以刀背劃刀，使兩側貼覆。

2 派皮上方以刀子稍微切割條紋，表面塗抹二次蛋黃液，放入烤箱中以上火 220℃／下火 210℃，烤約 12 分鐘。之後調整烤箱溫度，以上火 180℃／下火 180℃，再烤約 13 分鐘。

3 烤熟的杏仁派出爐後，表面再塗抹一層杏桃果醬，撒上熟杏仁片，待冷卻再切所需大小即可。

- -

草莓千層派

外層酥脆，內餡順口，香草的香氣與草莓的紅豔，
增添美麗的氣息。

工具：擠花袋、擠花嘴　　數量：1 個

派皮：材料和作法請見 P.39。

將鬆弛過的派皮，擀成厚約 35 mm 的麵皮，切成 15 cm × 30 cm 大小三
張後，分別放三個烤盤，使用叉子戳洞，鬆弛 30 分鐘，放入烤箱中以上火
200℃／下火 200℃，烤約 25 分鐘，之後放置完全冷卻。

裝飾材料：草莓 1 個（切片）、糖粉適量

組合材料：新鮮草莓 13 個

● **香草奶油餡材料：**

牛奶 300 克、細砂糖 60 克、蛋黃 60 克、低筋麵粉 35 克、玉米粉 35 克、
香草莢 1/2 枝、無鹽奶油 100 克、新鮮草莓適量

● **香草奶油餡作法：**

1　低筋麵粉和玉米粉過篩。

2　細砂糖加入蛋黃打微發，加入作法 1. 攪拌均勻。

3　牛奶加入香草莢煮滾，過濾後沖入作法 2. 麵糊，再回煮至滾。

4　作法 3. 待冷卻至 40℃。加入奶油混合均勻，放置完全冷卻即可。

....

組合：

1　先將烤好的派皮切割成四片。

2　將一片烤好的派皮，擠上完全冷卻的香草奶油餡，鋪上新鮮草莓後，再夾上
　　一片派皮。

3　重覆步驟 2. 三次，最後上層再擠上香草奶油餡，撒上糖粉，擺上草莓裝飾。

....

國王烘餅

分享好運的貴族節慶點心代表。杏仁內餡與外層酥皮,伴隨相傳已久的好運故事,
可以在內餡中暗藏小物,讓吃到的人擁有一整年的好運氣。

模型:8 吋幕斯模　　　數量:2 個

派皮:材料和作法請見 P.39。

將鬆弛過的派皮,撖成約 3.5mm 薄的派皮,再切割成二片八吋圓形派皮。

組合材料:蛋黃液適量

● **杏仁榛果餡材料**:

全蛋 300 克、糖粉 250 克、杏仁粉 125 克、榛果粉 125 克
常溫無鹽奶油 250 克、卡士達粉 300 克

● **杏仁榛果餡作法**:

1　糖粉過篩,加入常溫無鹽奶油拌勻,再加入全蛋拌勻。

2　杏仁粉和榛果粉過篩,加入作法 1. 中拌勻。

3　最後將卡士達粉加入作法 2. 中拌勻即可。

- -

組合:

1　底層派皮抹上杏仁榛果餡(派皮周圍留 1 公分不可塗到)周圍抹上蛋液,再
覆蓋另一片派皮,讓二片派皮貼覆,表面呈圓弧狀,使用刀背在派皮週圍劃
刀,使週圍可完全貼覆。上層派皮抹上薄薄一層蛋黃液,再上層劃上花紋(勿
將派皮劃破)。

2　放入烤箱中以上火 220℃/下火 210℃,烤約 12 分鐘。之後調整烤箱溫度,
以上火 180℃/下火 180℃,再烤約 33 分鐘。

- -

海陸鹹派

平易近人的法式鹹派,適合早餐、午茶與晚宴前的開胃菜。
豐盛的海鮮與肉類,加上蔬菜內餡,搭配獨特起司鹹派皮,鹹點也有好風味。

模型:8 吋派模　　數量:5 個

鹹派皮材料：

無鹽奶油 250 克、進口酥油 175 克、蛋黃 20 克、牛奶 50 克、鹽 5 克、動物性鮮奶油 175 克、低筋麵粉 500 克、帕瑪森起司粉 30 克

裝飾材料： 巴西里碎適量

● **內餡材料：**

花枝 250 克、蝦仁 250 克、雞肉丁 250 克、火腿丁 150 克、蘑菇丁 100 克、洋蔥 1 個、馬鈴薯丁 200 克、奶油適量、黑胡椒粒適量、鹽適量

● **內餡作法：** 將所有材料切小丁，放入鍋中，用少許橄欖油拌炒均勻即可。

● **醬汁材料：**

動物性鮮奶油 1000 克、牛奶 1000 克、全蛋 500 克、蛋黃 200 克、鹽 15 克、起司片（切丁）30 克、PIZZA 絲 180 克

● **醬汁作法：** 所有的材料混合拌均勻即可。

作法：

1 將低筋麵粉、鹽和帕瑪森起司粉、無鹽奶油和進口酥油混合攪拌。

2 將作法 1. 再加入蛋黃、牛奶和動物性鮮奶油均勻混合成麵糰。

3 將作法 2. 的麵糰壓平、裝袋、冷藏鬆馳 4 小時後，將派皮分成兩份，撇開至 0.3 cm 厚，壓入派模整形。

4 在派皮上放張圓型烤盤紙和生紅豆粒，放入烤箱中以上火 180℃／下火 180℃烤約 22 分鐘，出爐後取出生紅豆粒及烤盤紙。

· ·

組合：

1 將炒好的內餡材料加入烤好的派皮中，再將醬汁倒入派皮中至九分滿。

2 派盤放在烤盤內，放入烤箱中以上火 180℃／下火 220℃烤約 24 分鐘至熟，出爐後以少許巴西里碎裝飾即可。

· ·

Chapter **3**

餅乾 & 糖果

甜蜜蜜的法式糖味！

養生食材的健康變化。

除了甜蜜軟糖與棉花糖之外，

大家熟悉的指形餅乾、

養生的南瓜籽口味杏仁瓦片酥、

吃進飽足與健康的全麥司康、

更有法式薄餅的創意變身等，

9 種深受喜愛的糖果餅乾。

指形餅乾

又稱手指餅乾，是指將輕柔的麵糊做成像手指形狀的長型餅乾，
最讓人熟悉的是將指型餅乾泡在咖啡酒中做成的義式經典提拉米蘇。

工具：擠花袋、圓口花嘴　　　數量：40 個

材料：

蛋黃 150 克、細砂糖 ❶50 克、蛋白 375 克、塔塔粉 5 克、
細砂糖 ❷200 克、低筋麵粉 250 克、糖粉適量

● 甜奶油材料：

蛋黃 100 克、細砂糖 200 克、水 70 克、常溫無鹽奶油 500 克、蘭姆酒 50 克

● 甜奶油作法：

水加入細砂糖煮至 115℃，沖入打發蛋黃，待冷卻溫度至 26℃，加入常
溫無鹽奶油打發，最後加入蘭姆酒拌勻即可。

作法：

1　蛋黃加入細砂糖 ❶ 打發備用。

2　蛋白加入塔塔粉打至微發，再加入細砂糖 ❷ 打至濕性發泡，之後和作法
　　1. 拌勻。

3　低筋麵粉過篩，加入作法 2. 拌勻，即成指形餅乾麵糊。

4　烤盤鋪上烤焙紙，將指形餅乾麵糊填裝擠花袋中，使用圓口花嘴擠出所
　　需形狀大小於烤焙紙上，表面再輕輕灑上少許糖粉。

5　放入烤箱中以上火 220℃／下火 200℃烤約 14 分鐘。

組合：

將烤好指形餅乾從烤盤紙上取下。拿二塊指形餅乾，中間擠上甜奶油夾起即可。

杏仁瓦片酥

傳統上的杏仁瓦片，是因為趁著剛出爐瓦片還軟熱的時候，放在玻璃瓶身表面待涼後
再取下，外型捲曲像屋瓦一般，因而得名。這次加入養生南瓜籽增添風味。

材料：

細砂糖 175 克、蛋白 250 克、奶油 50 克、低筋麵粉 37.5 克、玉米粉 37.5 克、
杏仁片 275 克、南瓜籽 100 克

作法：

1 將細砂糖加入蛋白攪拌，至細砂糖完全溶解。

2 將奶油融化，加入作法 1. 拌匀。

3 低筋麵粉、玉米粉混合過篩，加入作法 2. 中拌匀。

4 將杏仁片和南瓜籽加入作法 3. 拌匀，放入冰箱冷藏靜置約 8 個小時。

5 將杏仁麵糊分成適當小等份，再抹開成薄片。

6 放入烤箱中以上火 160℃／下火 150℃烤約 22 分鐘。

· ·

Tips

1 將杏仁麵糊抹成薄片時候，需注意不可使杏仁片重疊在一起。

2 也可將杏仁麵糊均匀抹在方形烤盤中，烤好放涼後再切成整齊方塊。

胚芽司康

讓司康增添健康風味！充滿著胚芽香氣的司康，讓人一整天都活力滿點。

模型：直徑 6 cm 慕斯圓模　　數量：27 個

材料：

發酵奶油 125 克、糖粉 100 克、高筋麵粉 300 克、低筋麵粉 150 克、泡打粉 25 克、牛奶 300 克、半熟胚芽粉 150 克、蛋黃液少許

作法：

1　將發酵奶油和和糖粉拌勻。

2　再將牛奶慢慢加入作法 1. 中拌勻。

3　高筋麵粉、低筋麵粉和泡打粉混合過篩，再和半熟胚芽粉一起加入作法 2. 中拌勻成麵糰。

4　將麵糰分成二份，撖平成相同大小（厚約 0.8 公分），二片相疊後，壓模成形，表面刷抹蛋黃液二次。

5　放入烤箱中以上火 220℃／下火 170℃烤約 18 分鐘。

Tips
胚芽粉烤半熟之後，可以去除掉胚芽粉的味道，作法是將胚芽粉放在烤盤中，以上火 180 ℃下火 180℃烤熟，在烤焙過程中，烤至上層胚芽粉著色時，將胚芽粉翻炒一下，再繼續烤至全部胚芽粉著色，並且散發出香味，但是不要烤太熟，以免顏色太深影響外觀。

百匯福袋

傳統濕潤的法式薄餅，包裹著濃郁的白巧克力慕斯，再淋上色彩繽紛的鮮甜水果，
化身為華麗的午茶饗宴。

數量：1 個

● 可麗餅麵糊材料：

牛奶 250 克、全蛋 110 克、低筋麵粉 150 克、細砂糖 50 克、無鹽奶油 25 克、鹽 2 克

● 可麗餅麵糊作法：

1 全蛋加入細砂糖拌至融化，加入過篩的低筋麵粉和鹽拌勻。

2 再加入融化的奶油拌勻，最後慢慢加入牛奶混合均勻。

3 將作法 2. 過濾後覆蓋保鮮膜，放入冰箱冷藏靜置 2 個小時，即成可麗餅麵糊。

● 白巧克力慕斯材料：

蛋黃 35 克、細砂糖 20 克、玉米粉 15 克、牛奶 210 克、
香草莢 1/2 枝、吉利丁片 10 克、冰水 60 克、
白巧克力 200 克、動物性鮮奶油（乳脂 35%）500 克

● 白巧克力慕斯作法：

1 將蛋黃和細砂糖，加入玉米粉打發。

2 牛奶加入香草莢煮滾，過濾後沖入作法 1. 回煮至濃稠約 85℃離火。

3 吉利丁片加冰水泡軟，加入作法 2. 拌勻，再加入白巧克力拌至融化均勻，降溫至 20℃。

4 動物性鮮奶油打發，加入作法 3. 拌勻，放入冰箱冷藏至慕斯凝固。

● **香桔士醬材料：**

香桔士果肉 3 個、細砂糖 60 克、水果餡粉 8 克、葡萄糖漿 20 克、蜂蜜 3 克、
檸檬汁 12 克、檸檬果肉 1/2 個

● **香桔士醬作法：**

1　將水果餡粉和細砂糖混合均勻。

2　作法 1. 加入香桔士果肉拌勻。

3　作法 2. 再加入檸檬汁、檸檬果肉一起煮滾。

4　作法 3. 最後加入蜂蜜和葡萄糖漿再煮滾後，離火冷卻備用。

裝飾材料：

藍莓 6 個、紅醋栗 7 個、（市售罐頭）橘子片少許、奇異果 1/4 個（切丁）、
香草莢 1 枝

組合：

1　在平底鍋中抹上薄薄一層奶油，利用紙巾擦拭多餘的油，用湯杓舀一瓢可麗餅麵
糊，煎至底部著色，表層麵糊乾即可。

2　挖一球白巧克力慕斯放在可麗餅皮中間，包起可麗餅皮將白巧克力慕斯包覆，用
香草莢綁起可麗餅封口，再放置瓷盤上。

3　再將冷卻的香吉士醬淋在週圍，裝飾以各式水果丁點綴即可。

Tips
水果餡粉可以用少許杏桃果醬代替。如果都不加的話，要煮久一些才會產生濃稠狀。

覆盆子棉花糖

傳說起源自埃及的棉花糖,用美麗的覆盆子展現柔美的法式風味,粉紅色可愛的外表,
讓人吃一口就停不下來。

工具:擠花袋、圓口花嘴　　數量:50 個

材料:

細砂糖 240 克、轉化糖漿 ❶ 80 克、覆盆子果泥 130 克、檸檬果泥 50 克、
轉化糖漿 ❷ 100 克、吉利丁片 18 克、覆盆子白蘭地 5 克、冰水 35 克

手粉材料:

玉米粉 100 克

作法:

1　將細砂糖、轉化糖漿 ❶、覆盆子果泥、檸檬果泥煮至 115 ℃。

2　吉利丁片泡冰水軟化後,連同轉化糖漿 ❷,覆盆子白蘭地加入作法 1. 中打發,
打發至綿柔順的程度,即成覆盆子棉花糖。

3　將手粉撒在烤盤上,再將作法 2. 覆盆子棉花糖倒入擠花袋中,以圓口花嘴擠
在撒有手粉的烤盤上,上面再撒上手粉,放入冰箱冷藏,待棉花糖定形即可。

檸檬棉花糖

不讓美式棉花糖專美於前，微酸的檸檬搭配爽脆的開心果，
法式棉花糖酸甜登場！

模型： 方型保鮮盒等容器　　　數量：50 個

材料：

蛋白 75 克、細砂糖 ❶18 克、塔塔粉 1 克、檸檬果泥 220 克、
吉利丁片 20 克、冰水 120 克、細砂糖 ❷545 克、水 270 克、
開心果碎適量

作法：

1　將蛋白、細砂糖 ❶ 和塔塔粉打至微發。

2　細砂糖 ❷ 加水煮至 130 ℃，加入檸檬果泥。

3　吉利丁片加入冰水泡軟。

4　將作法 2. 沖入作法 1.，續打至溫度降至 70℃，加入泡軟的吉利
　丁片，攪拌至溫度 40 ℃，倒入抹油的保鮮盒裡，抹平，待冷卻，
　冷凍至成品變硬再切成適當方塊大小。

5　最後沾上開心果屑裝飾即可。

紅莓軟糖

為了延長水果的賞味期限，果泥與蜜糖交織出絕妙的風味。
傳統的紅莓口味融入了酒香，法式水果軟糖甜蜜誘人。

模形：花型軟烤模　　　數量：30 個

材料：

草莓果泥 600 克、覆盆子果泥 450 克、軟糖膠 30 克、
細砂糖 ❶ 95 克、細砂糖 ❷ 1000 克、葡萄糖漿 225 克、
酒石酸（粉狀）15 克、水 15 克、覆盆子酒 40 克

裝飾材料：細砂糖適量

作法：

1 軟糖膠加入細砂糖 ❶ 混合均勻。

2 草莓果泥加入覆盆子果泥、細砂糖 ❷ 和葡萄糖漿煮至 40 ℃，將作法 1. 倒
入，再加入覆盆子酒，以打蛋器攪拌，再煮至 115 ℃。

3 酒石酸加水混合，加入作法 2 攪拌均勻。

4 將作法 3. 迅速倒入模型內，靜置凝固冷卻。

5 冷卻後軟糖脫模後，再將軟糖表面都均勻沾附細砂糖，以防相黏。

Tips
除了用模型之外，也可以將軟糖液倒入一整個的框模，靜置凝固冷卻後的
軟糖一面先均勻灑上細砂糖，翻面脫模，再切割個人喜愛的尺吋大小，切
割後的軟糖表面都均勻沾附細砂糖，以防相黏。

熱帶水果軟糖

法式軟糖的熱帶風情！芒果、香蕉、鳳梨和百香果，帶來清新涼爽的美味夏天。

模型：30 cm × 20 cm 烤盤　　數量：1 盤

材料：

芒果果泥 500 克、香蕉果泥 300 克、百香果泥 200 克、鳳梨果泥 150 克、
軟糖膠 35 克、細砂糖 ❶115 克、細砂糖 ❷1100 克、葡萄糖漿 245 克、
酒石酸 19 克（粉狀）、水 19 克、百香果酒 42 克

裝飾材料：細砂糖適量

作法：

1 軟糖膠加入細砂糖 ❶ 混合均勻。

2 芒果果泥加入香蕉果泥、百香果泥和鳳梨果泥、細砂糖 ❷ 和葡萄糖漿煮至
40 ℃，將作法 1. 倒入，再加入百香果酒酒，以打蛋器攪拌，再煮至 115 ℃。

3 酒石酸加水混合，加入作法 2. 攪拌均勻。

4 將作法 3. 迅速倒入烤盤內，靜置凝固冷卻。

5 冷卻後軟糖表面先撒上一層細砂糖，將軟糖切成喜愛大小，再將軟糖表面
都均勻沾附細砂糖，以防相黏。

奇異果軟糖

柔和的酸甜與濃郁果香，連大人也愛不釋口。

模型：半橢圓型軟烤模　　　數量：30 個

材料：

奇異果果泥 800 克、檸檬果泥 200 克、細砂糖 ❶100 克、軟糖膠 33 克、
葡萄糖漿 210 克、細砂糖 ❷850 克、酒石酸（粉狀）18 克、水 18 克、
香橙干邑甜酒 45 克

作法：

1　軟糖膠加入細砂糖 ❶ 混合均勻。

2　奇異果果泥加入檸檬果泥、細砂糖 ❷ 和葡萄糖漿煮至 40 ℃，將作法 1. 倒入，
　　再加入香橙干邑甜酒，以打蛋器攪拌，再煮至 115 ℃。

3　酒石酸加水混合，加入作法 2. 攪拌均勻。

4　將作法 3. 迅速倒入模型內，靜置凝固冷卻。

5　冷卻後軟糖脫模後，再將軟糖表面都均勻沾附細砂糖，以防相黏。

• •

Tips
果泥經過加熱，顏色會變得較暗，如果想要鮮豔的奇異果綠色，可以加入
食用綠色色素調色。

Chapter **4** 甜 點

平民點心精緻化。

餐後、午茶的美好時刻。

下午忙碌偷閒的最佳小點可麗露、

充滿溫馨的飯後招牌焦糖布丁、

奶香十足的杏仁牛奶凍等，

10 種簡單卻大大滿足的好滋味。

可麗露

黑色皇冠般的外型，外脆內軟的口感，加上迷人的酒香，
咀嚼後令人滿足的甜蜜感，法式經典中的頂級藝術家。

模型：可麗露銅模（小）　　數量：35 個

材料：

牛奶 500 克、香草莢 1/2 枝、無鹽奶油 35 克、糖粉 250 克、低筋麵粉 125 克、
蛋黃 70 克、蛋白 15 克、蘭姆酒 50 克

作法：

1　牛奶加入香草莢煮滾，過濾後加入無鹽奶油拌勻。

2　糖粉、低筋麵粉過篩，再將作法 1. 沖入拌勻。

3　蛋黃、蛋白加入作法 2. 拌勻。

4　再將蘭姆酒加入作法 3. 中拌勻，放入冰箱冷藏 12 小時後，再灌模烘焙。

5　放入烤箱中以上火 240℃／下火 220℃烤約 20 分鐘著色，再以上火 220℃
　／下火 240℃烤約 30 分鐘至熟。

. . . .

Tips
模形需事先噴上薄薄一層烤盤油。

巧克力馬卡龍

馬卡龍源自 19 世紀的蛋白杏仁餅，在 20 世紀由巴黎的甜點師傅將作法發揚光大，更發展出多種口味和吃法，外酥內軟略帶黏稠的口感層次豐富，使馬卡龍奠定法式經典的不敗地位。

工具：三角擠花袋、圓形花嘴　　數量：50 個

材料：

杏仁粉 270 克、純糖粉 370 克、可可粉 40 克、蛋白 200 克、
細砂糖 80 克、塔塔粉 2 克

作法：

1　將杏仁粉、可可粉、純糖粉分別過篩。將過篩的杏仁粉及可可粉，分別用
低溫烤焙使其稍微乾燥，增加香味。

2　蛋白加入塔塔粉，細砂糖打至硬性發泡，再和作法 1. 粉類拌至呈現亮面，
即成巧克力麵糊。

3　巧克力麵糊倒入三角擠花袋，使用圓形花嘴，擠在矽膠不沾布上，約直徑
4 cm 的小圓後，放置乾燥處風乾。馬卡龍表面產生表殼，手指輕摸表面不
黏手（約 30 ～ 60 分鐘），即可進烤箱烤焙。

4　放入烤箱中以上火 150℃／下火 140℃烤約 25 分鐘。

● **內餡材料：**

動物性鮮奶油（乳脂 35%）400 克、葡萄糖漿 50 克、
70% 苦甜巧克力 500 克、奶油 100 克

● **內餡作法：**

將動物性鮮奶油、葡萄糖漿和苦甜巧克力隔水加熱融化，降溫至 35 ℃，加
入奶油拌勻即可。

- -

組合：將兩塊烤好的馬卡龍夾入內餡即可。

- -

Tips
純糖粉可以在一般烘焙材料行購得，經常用來製作馬卡龍，但是因為沒有添
加澱粉，容易受潮；一般糖粉則有添加少許玉米粉可防止受潮，較容易保存。

閃電泡芙

表面的糖霜光澤亮如閃電,讓長型的泡芙增添了不少風情。
草莓奶香濃厚的內餡征服了老饕的挑剔味蕾。

工具:擠花袋、8 齒菊花花嘴　　數量:70 個

● 泡芙材料：

水 670 克、楓糖糖漿 50 克、無鹽奶油 375 克、鹽 5 克、高筋麵粉 450 克、
全蛋 750 克

裝飾材料： 果膠、乾燥草莓粒

● 泡芙作法：

1 將水、楓糖糖漿、無鹽奶油和鹽，用大火煮滾。

2 高筋麵粉過篩，倒入作法 1. 中，使用木匙拌炒成麵糰後離火。

3 將全蛋慢慢加入作法 2. 中攪拌均勻，即成泡芙麵糊。

4 將泡芙麵糊裝入擠花袋中，使用 8 齒菊花花嘴擠出所需大小。

5 放入烤箱中以上火 220℃／下火 220℃烤約 25 分鐘。

● 草莓奶油餡材料：

牛奶 100 克、草莓果泥 200 克、細砂糖 60 克、蛋黃 60 克、低筋麵粉 35 克、
玉米粉 35 克、檸檬汁 25 克、草莓香精適量、無鹽奶油 100 克

● 草莓奶油餡作法：

1 細砂糖加入蛋黃打至微發，再加過篩的低筋麵粉、玉米粉和檸檬汁攪拌均勻
成麵糊。

2 牛奶加入草莓果泥煮滾，過濾後沖入作法 1. 麵糊，再回煮至滾。

3 作法 2. 冷卻至 40℃，加入奶油混合均勻，再加入適量草莓香精調色即可。

• •

組合：

用鋸齒刀將烤好冷卻的泡芙切開，再擠入香草奶油餡，表面裝飾以果膠、乾
燥草莓粒。

• •

可頌布丁

法式經典可頌麵包和香濃布丁的美味結合！香軟濃郁的可頌，
融入布丁中，放上紅豔草莓，再點綴些許藍莓，法式布丁華麗登場。

模型：瓷碗　　數量：5 個

材料：

牛奶 500 克、動物性鮮奶油（乳脂 38％）300 克、全蛋 300 克、
含籽香草醬 4 克、細砂糖 100 克、可頌麵包 5 個

裝飾材料：

草莓 1 個（切片）、藍莓 5～6 個

作法：

1　將可頌麵包放入瓷碗中備用。

2　牛奶加入細砂糖，煮至細砂糖融化。

3　將全蛋和含籽香草醬加入作法 2. 中拌勻。

4　再將動物性鮮奶油加入作法 3. 攪拌均勻後過濾，倒入作法 1. 瓷碗中至九分滿。

5　放入烤箱中以上火 200℃／下火 120℃隔水烤焙約 45 分鐘。

6　出爐後表面裝飾以草莓片和藍莓即可。

焦糖布蕾

酥脆焦香的糖衣下，透著濃濃奶蛋香，滑潤的口感中，感受在舌尖舞動的香草氣息。

模型：6 吋菊花瓷盤　　數量：5 個

材料：

細砂糖 60 克、香草莢 1 枝、牛奶 800 克、蛋黃 330 克、
動物性鮮奶油（乳脂 35%）1000 克

裝飾材料：細砂糖少許

作法：

1 牛奶加香草莢煮滾，加入細砂糖拌均，待涼。

2 將蛋黃加入作法 1. 拌勻，再加入動物性鮮奶油拌勻，過濾後倒入
　瓷盤中。

3 烤盤裝些冰水，放入作法 2. 完成之布蕾蛋液瓷盤，放入烤箱中以
　上火 150℃／下火 150℃隔水烤焙約 40 分鐘。

4 食用前布蕾表面倒一層薄薄的細砂糖，用火烤至呈現焦糖狀即可。

杏仁牛奶凍

軟中帶 Q 的鮮嫩口感，配上迷人的杏仁香，法式常見的果粒裝飾，
讓飯後甜點充滿法國風味。

材料：

鮮奶 450 克、細砂糖 88 克、吉利丁片 20 克、冰水 120 克、杏仁露 50 克、
動物性鮮奶油（乳脂 38%）150 克

裝飾材料：

飛莎莉 1 個、藍莓 3 個、開心果碎少許、白醋栗 1 串、紅醋栗 1 串

作法：

1　鮮奶加入細砂糖煮至細砂糖完全融化。

2　吉利丁片用冰水泡軟後，隔水加熱融化，再加入作法 1. 中拌勻。

3　再將杏仁露和鮮奶油加入作法 2. 攪拌均勻，倒進個人喜愛的容器中，若表面
　　有氣泡，可使用噴火槍用火烤至消泡後，冷藏凝固。

4　最後以裝飾水果裝飾於奶凍表面即可。

焦糖布丁

輕巧透明的瓶身,藏著雙重美味:焦香與奶香,甜蜜滋味讓人回味不已。

模型:保羅瓶　　數量:15 瓶

布丁液材料:

牛奶 800 克、細砂糖 120 克、全蛋 320 克、香草精 4 克

焦糖材料:

細砂糖 300 克、熱水 100 克

作法:

1　牛奶加入細砂糖 120 克煮至細砂糖完全融化。

2　全蛋打散均勻,過濾後,倒入作法 1. 中攪拌均勻。

3　再將香草精加入作法 2. 拌勻,即成布丁液。

4　細砂糖 300 克用小火煮至金黃色後離火,倒入熱水 100 克拌勻,即成焦糖。

5　將作法 4. 煮好的焦糖迅速倒入保羅瓶,焦糖可完全覆蓋底部的量即可。

6　再將作法 3. 布丁液倒入保羅瓶,放入烤箱中以上火 150℃/下火 120℃隔水烤焙約 50 分鐘,取出放涼,再放入冰箱冷卻即可。

巧克力布丁

戀愛般的苦甜滋味，融化在細緻滑順的口感中，吃一口，還透著酒香微醺的滋味。

模型：耐烤橢圓玻璃杯　　數量：10 杯

材料：

牛奶 200 克、動物性鮮奶油（乳脂 38%）500 克、
70% 苦甜巧克力 30 克、可可粉 10 克、蛋黃 140 克、
細砂糖 80 克、香橙干邑甜酒 8 克

裝飾材料：巧克力屑少許、糖粉少許

作法：

1　牛奶加入可可粉一起煮，攪拌均勻後再加入鮮奶油煮滾，再沖入苦甜巧克力攪拌至完全融化。

2　蛋黃和細砂糖攪拌均勻，將作法 1. 沖入攪拌至細砂糖完全融化。

3　將香橙干邑甜酒拌入作法 2. 中均勻攪拌，即可倒入玻璃杯。

4　放入烤箱中以上火 150℃／下火 120℃隔水烤焙約 40 分鐘至熟，取出放涼，再放入冰箱冷卻即可。

5　冷卻後表面撒上巧克力屑和糖粉裝飾。

紅酒蘆薈凍

酒香加果香，飯後的清爽選擇。

模型：四角玻璃杯　　　數量：20 杯

材料：

紅酒 500 克、水 1500 克、細砂糖 250 克、鑽石果凍粉 37 克、檸檬汁 100 克、蘆薈顆粒 500 克、西洋梨 300 克、橘瓣 200 克

作法：

1 紅酒加水煮滾，將細砂糖和鑽石果凍粉混合均勻倒入再次煮滾，加入檸檬汁攪拌均勻，即成紅酒凍液。

2 西洋梨切丁，和蘆薈顆粒，橘瓣混合後成水果丁。

3 放入適量的水果丁進四角玻璃杯內，再倒入作法 1. 紅酒凍液，放入冰箱冷藏凝固，即成紅酒蘆薈凍。

水果鮮奶酪

奶酪的華麗水果饗宴。沉浸在檸檬與薄荷的微香中。

模型：瓷碗　　數量：5 個

材料：

鮮奶 550 克、煉奶 50 克、細砂糖 80 克、吉利丁片 16 克、冰水 72 克、
動物性鮮奶油（乳脂 38%）200 克

裝飾材料：

火龍果 1/4 個（切塊）、奇異果 1/2 個（切半）、草莓 1 個（一切四）、
罐頭鳳梨片 2 片、藍莓 10 個、檸檬皮 1 個、薄荷葉少許

作法：

1　將鮮奶和煉奶混合、加入細砂糖，煮至細砂糖融化。

2　吉利丁片泡冰水至軟後，隔水加熱使吉利丁片完全融化，加入作法 1. 中攪拌均勻。

3　再將動物性鮮奶油加入作法 2. 中拌均勻，即成鮮奶酪液。

4　將鮮奶酪液倒入個入喜愛的容器，若表面有氣泡，可使用噴火槍烤至消泡後，放
　　入冰箱冷藏凝固後，表面裝飾新鮮水果即可。

Chapter 5　慕　斯

集合了烘焙的眾多技巧，
法式慕斯饗宴華麗登場。

法式慕斯集合了各式技巧的應用；
除了法式戚風等各式基礎蛋糕底，
還加上各式慕斯、庫利與奶油醬，
佐以淋面醬與美麗裝飾，
9 種美不勝收的視覺與味蕾體驗。

香檳夏洛特

法式傳統糕點夏洛特，是以用蛋糕圍邊，內含慕斯餡的蛋糕。有著華麗皇冠般的裝飾外型，
搭配香檳口味的慕斯，充滿了法式的優雅氛圍。

模型：6 吋慕斯圈、擠花袋、圓型花嘴　　數量：2 個

● **香檳慕斯材料：**

香檳 250 克、蛋黃 170 克、細砂糖 180 克、檸檬汁 15 克、吉利丁片 20 克、冰水 100 克、動物性鮮奶油（乳脂 35%）540 克

● **香草戚風蛋糕材料：**

蛋白 400 克、細砂糖 200 克、塔塔粉 5 克、無鹽奶油 75 克、沙拉油 75 克、牛奶 135 克、細砂糖 60 克、低筋麵粉 210 克、玉米粉 15 克、泡打粉 6 克、蛋黃 200 克、香草精 4 克

裝飾材料：

蘋果 1/4 個（切片）、飛莎莉 1 個、罐頭鳳梨片 1 片、無花果 1/2 個、奇異果 1/4 個、火龍果 1 塊、草莓 1 個（切半）、藍莓 6 個、糖粉少許

巧克力戚風蛋糕：

材料和作法請見 P.11。

（選擇 60 cm × 40 cm 烤盤，共可完成約 8 份 6 吋慕斯圈所需蛋糕。）

· ·

Tips

線條蛋糕擠法：將製作好的蛋糕麵糊放入圓口花嘴擠花袋中，再鋪有烤焙紙的烤盤上，沿著烤盤連續擠出斜線的蛋糕麵糊即可。

花狀蛋糕擠法：將製作好的蛋糕麵糊放入圓口花嘴擠花袋中，再鋪有烤焙紙的烤盤上，先劃上 6 吋大小的圓型圖，再沿著圓型周圍連許擠出水滴狀的蛋糕麵糊。

● **香檳慕斯作法：**

1 蛋黃加入細砂糖打發。

2 香檳煮滾，沖入作法 1. 再回煮至濃稠（約 85℃），加入檸檬汁拌勻。

3 吉利丁片用冰水泡軟，加入作法 2. 拌勻，降溫至 18℃。

4 將動物性鮮奶油打發，加入作法 3. 中拌勻即可。

● **香草戚風蛋糕作法：**

1 將無鹽奶油、沙拉油、牛奶、香草精煮至 60℃離火，加入細砂糖拌勻。

2 低筋麵粉、玉米粉，泡打粉過篩，再加入作法 1. 中混合拌勻。

3 將蛋黃加入作法 2. 拌勻成為蛋黃麵糊。

4 蛋白加入塔塔粉，打至微發，加入細砂糖 200 克續打至 8 分發，再加入作法 3. 一起
　混合均勻，即成為蛋糕麵糊。

5 蛋糕麵糊裝入擠花袋中，分別擠出一盤線條蛋糕、和 6 吋大小的花狀蛋糕。

6 放入烤箱中以上火 200℃下火 180℃，烤約 28 分鐘。

組合：

1 將放涼的香草戚風蛋糕分別製作圍邊和花狀。

2 香草戚風蛋糕體圍在 6 吋慕斯圈內側，底部鋪一層巧克力戚風蛋糕，再填充
　香檳慕斯 5 分滿，再放上一層巧克力戚風蛋糕後，再填入香檳慕斯至滿，最
　後再覆蓋花狀的香草戚風蛋糕體。放進冰箱冷藏凝固，脫模後以裝飾材料裝
　飾即可。

皇家夏洛特

苺果內餡蛋糕捲與覆盆子慕斯的皇家糕點。延續著夏洛特的法式華麗風情，
表面放上滿滿的紅色覆盆子果粒，宮廷般的視覺體驗！

模型：8 吋慕斯圈　　數量：2 個

● **藍莓慕斯材料：**

覆盆子果泥 350 克、蛋黃 100 克、細砂糖 110 克、牛奶 200 克、
冷凍覆盆子粒 120 克、吉利丁片 18 克、冰水 90 克、
動物性鮮奶油（乳脂 35%）500 克

● **香草戚風蛋糕材料：**

蛋白 400 克、細砂糖 200 克、塔塔粉 5 克、無鹽奶油 75 克、沙拉油 75 克、
牛奶 135 克、細砂糖 60 克、低筋麵粉 210 克、玉米粉 15 克、泡打粉 6 克、
蛋黃 200 克、香草精 4 克、覆盆子果醬適量

● **榛果脆片材料：**

芭芮脆片 200 克、榛果巧克力 80 克、70% 苦甜巧克力 140 克

● **藍莓庫利材料：**

藍莓果泥 250 克、細砂糖 150 克、吉利丁片 14 克、冰水 84 克、
冷凍藍莓粒 100 克

裝飾材料（每個慕斯使用量）：

冷凍覆盆子粒 60 個、開心果碎適量

Tips
庫利是指用果泥加上糖煮成的濃稠糖漿，常用於糕點夾層或表面。

● 覆盆子慕斯作法：

1 蛋黃加入細砂糖打發。

2 牛奶煮滾，充入做法 1. 再回煮至 85℃離火。

3 吉利丁片用冰水泡軟，加入作法 2. 拌勻。

4 覆盆子果泥和冷凍覆盆子粒加入作法 3.，攪拌均勻待降溫至 18℃。

5 將動物性鮮奶油打發，加入降溫後的作法 4. 中拌勻即可。

● 香草戚風蛋糕作法：

1 依照 P8. 作法將香草戚風蛋糕烤焙完成。

2 將冷卻後的蛋糕體切成 13.5 cm x 42 cm 大小，再抹上薄薄一層覆盆果醬，捲起成覆盆子蛋糕捲，再切約 0.5 cm 厚的薄片，備用。

● 榛果脆片作法：榛果巧克力和苦甜巧克力隔水融化，加入芭芮脆片拌勻。

● 藍莓庫利作法：

1 將藍莓果泥煮滾，加入細砂糖拌勻。

2 吉利丁片用冰水泡軟，加入作法 1. 拌勻。

3 將作法 2. 灌入 6 吋慕斯圈，撒上冷凍藍莓子粒，放進冰箱冷凍成形備用。

- -

組合：

8 吋慕斯圈周圍鋪上切好的覆盆子蛋糕捲，將覆盆子慕斯灌入慕斯圈約 5 分滿，再鋪上藍莓庫利，再灌入覆盆子慕斯至九分滿，最後鋪上榛果脆片，放進冰箱冷藏凝固，脫模後以裝飾材料裝飾即可。

- -

蒙布朗

充滿栗子香的蒙布朗，又稱法式栗子蛋糕，是款充滿
法式冬季風情的精美小點。細細的長條栗子泥，彷彿
白朗峰的山形。

模型：半圓模型　　工具：擠花袋、圓形花嘴　　數量：40 個

● **栗子慕斯材料：**

牛奶 180 克、蛋黃 85 克、細砂糖 50 克、吉利丁片 10 克、冰水 60 克、
法式栗子醬 300 克、動物性鮮奶油（乳脂 35%）500 克

● **栗子奶油材料：**法式栗子醬 300 克、無鹽奶油 150 克、干邑白蘭地 30 克

全融家：材料和作法請見 P.16。

裝飾材料：市售糖水栗子 40 個、金箔適量

● **栗子慕斯作法：**

1　蛋黃加入細砂糖打發。

2　牛奶煮滾，沖入做法 1 中 . 再回煮至濃稠約 85℃離火。

3　吉利丁片用冰水泡軟，加入作法 2. 拌勻，再加栗子醬攪拌至降溫。

4　將動物性鮮奶油打發，加入降溫後的作法 3. 中拌勻即可。

● **栗子奶油作法：**

法式栗子醬加入無鹽奶油，再加入白蘭地拌勻，過篩成泥狀即可。

- -

組合：

1　將栗子慕斯灌入半圓模型約五分滿，中間放一顆糖水栗子，再灌入栗子
　　慕斯至八分滿，再擺上一塊金融家蛋糕，放進冰箱冷凍成型。

2　成型後脫模，表面擠上栗子奶油，最上層放顆糖水栗子，再用金箔點綴
　　即可。

- -

邱比特

新鮮草莓與白巧克力的夢幻甜點！
讓邱比特替你征服情人的心。

模型：6吋愛心形狀慕斯圈　　數量：2個

◉ 白巧克力慕斯材料：

蛋黃 35 克、細砂糖 20 克、玉米粉 15 克、牛奶 210 克、香草莢 1/2 枝、
白巧克力 200 克、吉利丁片 10 克、冰水 60 克、
動物性鮮奶油（乳脂 35%）500 克

● 草莓庫利材料：

草莓果泥 250 克、細砂糖 200 克、檸檬汁 15 克、吉利丁片 14 克、冰水 84 克、冷
凍酸櫻桃 100 克

裝飾材料（每個慕斯使用量）：

新鮮草莓 13 個（留下 3 個裝飾表面其餘切半）、白巧克力屑適量、銀色糖珠少許

香草戚風蛋糕：材料和作法請見 P.8。

◉ 白巧克力慕斯作法：

1 蛋黃加入細砂糖和玉米粉打發。

2 牛奶加入香草莢煮滾，過濾，沖入作法 1. 打發蛋黃中，回煮至濃稠約 85℃離火。

3 吉利丁片用冰水泡軟，加入作法 2. 拌勻，再加入白巧克力攪拌至融化均勻，再降
  溫至 18℃。

4 將動物性鮮奶油打發，加入作法 3. 中拌勻即可。

● 草莓庫利作法：

1 草莓果泥加入檸檬汁和細砂糖煮滾。

2 吉利丁片用冰水泡軟，加入作法 1. 拌勻。

3 將作法 2. 灌入 6 吋心型慕斯圈，撒上冷凍酸櫻桃，放進冰箱冷凍成型備用。

· ·

組合：

使用 6 吋心形慕斯圈。先以香草蛋糕當底層，灌入白巧克力慕斯至五分滿，再鋪
上草莓庫利，最後，灌入白巧克力慕斯至滿，放進冰箱冷藏成形，脫模後以草莓、
白巧克力屑和銀色糖珠裝飾即可。

· ·

雙倍濃情

兩種巧克力與兩種莓果，好像成雙成對的戀人絮語，法式濃情化不開！

模型：6 吋八角慕斯圈　　數量：4 個

● **巧克力慕斯材料：**

牛奶 300 克、70% 苦甜巧克力 500 克、蛋黃 100 克、
動物性鮮奶油（乳脂 35%）600 克

● **草莓慕斯材料：**

草莓果泥 350 克、牛奶 200 克、蛋黃 100 克、細砂糖 75 克、吉利丁片 20 克、
冰水 80 克、動物性鮮奶油（乳脂 35%）500 克、檸檬汁 30 克、
櫻桃白蘭地 80 克

● **覆盆子庫利材料：**

覆盆子果泥 250 克、細砂糖 200 克、吉利丁片 14 克、冰水 84 克、冷凍覆盆子粒 100 克

裝飾材料（每個慕斯使用量）：

巧克力馬卡龍 8 片、紅色巧克力裝飾豆 6 個、飛莎莉 1 個、白醋栗 1 條、
巧克力裝飾片 3 片

布朗尼：材料和作法請見 P.18。（共可完成約 8 份）

鏡面巧克力：材料和作法請見 P.30。

● **巧克力慕斯作法：**

1 蛋黃打發。

2 牛奶煮滾，沖入作法 1. 拌勻，再加入苦甜巧克力攪拌融化均勻，降溫冷卻。

3 將動物性鮮奶油打發，加入作法 2. 混合拌均即可。

● **草莓慕斯作法：**

1 蛋黃加入細砂糖打發。

2 牛奶煮滾，充入做法 1. 拌勻，再回煮至濃稠離火（約 85℃）。

3 將草莓果泥和檸檬汁加入作法 2. 拌勻。

4 吉利丁片用冰水泡軟，加入作法 3. 攪拌均勻融化降溫至 18℃。

5 將動物性鮮奶油打發，加入櫻桃白蘭地拌勻，再加入作法 4. 混合攪拌均勻即可。

● **覆盆子庫利作法：**

1 覆盆子果泥煮滾，加入細砂糖拌勻。

2 吉利丁片用冰水泡軟，加入作法 1. 拌勻。

3 將作法 2. 灌入直徑 10 cm x 深 2.5 cm 的圓形矽膠模，撒上冷凍覆盆子粒，放進冰箱冷凍成型備用。

組合：

1 使用 6 吋八角慕斯圈，以布朗尼當底層，將草莓慕斯灌入五分滿，抹平後再放上覆盆子庫利，最後將巧克力慕斯灌滿抹平，放進冰箱冷凍成型。

2 成型後脫模，淋上鏡面巧克力，以裝飾材料裝飾即可。

花賞

嬌嫩粉紅的玫瑰，佐清爽宜人的水果，這個夏天，格外沁涼，
還增添些許法國味。

模型：7 吋慕斯圈　　　數量：2 個

● **玫瑰慕斯材料：**

牛奶 500 克、玫瑰花醬（樂活）200 克、紅石榴糖漿 50 克、吉利丁片 30 克、
冰水 120 克、蛋黃 200 克、細砂糖 65 克、動物性鮮奶油（乳脂 35%）750 克、
荔枝香甜酒 50 克

● **白桃庫利材料：**

白桃果泥 250 克、細砂糖 140 克、吉利丁片 14 克、冰水 84 克、
杏桃果肉 80 克、水果白蘭地 25 克

● 草莓淋面材料：

草莓果泥 80 克、馬斯卡邦起司 250 克、動物性鮮奶油 150 克、
鏡面果膠 150 克、吉利丁片 7 克、冰水 42 克

裝飾材料（每個慕斯使用量）：

紅醋栗 1 條、白醋栗 1 條、藍莓 5 個、開心果碎少許、巧克力裝飾片適量

焦糖無花果：材料和作法請見 P.24。

● 玫瑰慕斯作法：

1 蛋黃加入細砂糖打發。

2 牛奶煮滾，充入做法 1. 拌勻，再回煮至濃稠。

3 將玫瑰花醬和紅石榴糖漿加入作法 2. 中拌均。

4 吉利丁片用冰水泡軟，加入作法 3. 攪拌均勻，降溫冷卻至 15℃。

5 將動物性鮮奶油打發，加入荔枝香甜酒拌勻，再和作法 4. 混合拌勻即可。

● 白桃庫利作法：

1 白桃果泥煮滾，加入細砂糖拌勻。

2 吉利丁片用冰水泡軟，加入作法 1. 中拌勻。

3 將杏桃果肉和水果白蘭地酒加入作法 2. 拌勻。

4 將作法 3. 灌入 7 吋慕斯圈，放進冰箱冷凍成型備用。

● 草莓淋面作法：

1 將卡邦起司，鮮奶油和鏡面果膠煮滾，加入草莓果泥，隔水加熱融化。

2 吉利丁片用冰水泡軟，加入作法 1. 中拌勻備用。

組合：

1 將布朗尼蛋糕當底層，放入 7 吋慕斯圈中，再灌入玫瑰慕斯至五分滿，鋪上白桃庫利，最後再灌入玫瑰慕斯至滿，放進冰箱冷凍成型。

2 成形後脫模，淋上草莓淋面，再以裝飾材料裝飾即可。

雪天使

讓女生一見就愛的夢幻天使。濃濃乳酪香之外，伴隨怡人的檸檬香氣，還透著淡淡杏仁清香，
鮮紅草莓嬌豔欲滴，真是令人捨不得咬一口。

模型：4吋半圓模型　　數量：3個

杏仁蛋糕：

材料和作法請見 P.26 歐培拉。

● 乳酪慕斯材料：

奶油起司 300 克、優格 200 克、蛋白 165 克、檸檬汁 25 克、細砂糖 125 克、
水 50 克、吉利丁片 18 克、冰水 108 克、蛋黃 85 克、動物性鮮奶油（乳脂 35%）700 克

● 檸檬庫利材料：

檸檬果泥 250 克、細砂糖 100 克、吉利丁片 14 克、冰水 84 克、蜂蜜 100 克

裝飾材料（每個慕斯使用量）：草莓 1 個、糖粉少許、打發鮮奶油

● 乳酪慕斯作法：

1 蛋白加入檸檬汁打發。

2 細砂糖加水煮至 115℃，沖入作法 1. 中繼續打發成蛋白霜。

3 奶油起司加入優格，隔水加熱至軟化，和打發的蛋黃攪拌均勻。

4 吉利丁片用冰水泡軟，加入作法 2. 中攪拌均勻，再和作法 3. 混合拌勻。

5 動物性鮮奶油打發後，和作法 4. 混合拌勻即可。

● 檸檬庫利作法：

1 檸檬果泥煮滾，加入細砂糖拌勻。

2 吉利丁片用冰水泡軟，加入作法 1. 中攪拌均勻。

3 再將蜂蜜加入作法 2. 中拌勻，灌入 4 吋圓模，放進冰箱冷凍成型備用。

· ·

組合：

乳酪慕斯灌入半圓模型中至五分滿，再鋪上一塊檸檬庫利，將乳酪慕斯灌至九分滿，
最後擺上杏仁蛋糕，放進冰箱冷凍成型，成形後脫模，裝飾即可。

· ·

焦糖瑪琪朵

焦糖、榛果與咖啡的美妙三重奏。甜甜的焦糖讓濃醇的咖啡更平易近人。

模型：半圓長條模（長 36.4 cm x 寬 6 cm x 深 4.6cm ）　　　數量：10 條

● **焦糖慕斯材料：**

細砂糖 ❶120 克、水 18 克、動物性鮮奶油 150 克、蛋黃 75 克、細砂糖 ❷50 克、
吉利丁片 15 克、冰水 90 克、動物性鮮奶油（乳脂 35%）600 克

● **榛果慕斯材料：**

牛奶 225 克、蛋黃 100 克、細砂糖 45 克、卡士達粉 30 克、
吉利丁片 20 克、冰水 120 克、可可脂 15 克、榛果醬 30 克、
動物性鮮奶油（乳脂 35%）600 克

● **咖啡庫利材料：**

熱水 250 克、細砂糖 150 克、咖啡粉 50 克、吉利丁片 14 克、冰水 84 克、
卡魯哇咖啡香甜酒 20 克

● **焦糖淋面醬材料：**

細砂糖 225 克、熱水 20 克、動物性鮮奶油 250 克、吉利丁片 10 克、冰水 84 克、
鏡面果膠 20 克

裝飾材料：

飛莎莉 1 個、開心果碎少許、巧克力片 2 片、焦糖凝膠適量、裝飾用瓢蟲巧克力 1 個

巧克力戚風蛋糕：材料和作法請見 P.11。

● **焦糖慕斯作法：**

1 細砂糖 ❶ 加水煮成焦糖後，再加入動物性鮮奶油將糖繼續煮散，即成太妃焦糖醬。

2 蛋黃加入細砂糖 ❷ 打發，再加入作法 1. 太妃焦糖醬，回煮至 85℃。

3 吉利丁片用冰水泡軟，加入作法 2. 中攪拌均勻，降溫至 18℃。

4 將動物性鮮奶油（乳脂 35%）打發，再和作法 3. 混合拌勻即可。

● **榛果慕斯作法：**

1 細砂糖加入卡士達粉和蛋黃打發。

2 牛奶煮滾，加入作法 1.，再回煮至 85℃離火。

3 吉利丁片用冰水泡軟，加入 2. 中拌勻。

4 榛果醬和可可脂加入作法 3. 中，使用均質機充分攪拌。

5 動物性鮮奶油打發，和作法 4. 混合拌勻即可。

● **咖啡庫利作法：**

1 熱水、細砂糖和咖啡粉煮滾。

2 吉利丁片用冰水泡軟，加入作法 1. 中拌勻。

3 作法 2. 加入咖啡香甜酒拌勻，灌入半圓長條模，放進冰箱冷凍成型備用。

● **焦糖淋面醬作法：**

1 細砂糖加入熱水，煮至焦糖狀，再加入動物性鮮奶油拌勻。

2 吉利丁片用冰水泡軟，加入作法 1. 中拌勻，最後加入鏡面果膠拌勻即可。

組合：

1 榛果慕斯灌入模型約四分滿，將咖啡庫利切長 36 cm x 寬 4 cm 大小，再鋪在榛果慕斯上。

2 再灌入焦糖慕斯至九分滿，再鋪上一塊巧克力戚風蛋糕，放進冰箱冷凍成型。

3 脫模後淋上焦糖淋面醬再切成喜愛的大小，以裝飾材料裝飾即可。

金色仲夏

酸酸甜甜的清涼夏季！各式仲夏水果譜成熱鬧的繽紛內餡，鮮黃外表引領食慾，忍不住大快朵頤一番。

模型：6 吋慕斯圈　　數量：2 個

香草戚風蛋糕：材料和作法請見 P.8。

裝飾材料（每個慕斯使用量）：

紅醋栗 1 條、開心果碎少許、巧克力裝飾片 12 片、裝飾用瓢蟲巧克力豆 2 個、
白巧克力裝飾片 1 片

● 綜合水果慕斯材料：

鳳梨果泥 80 克、芒果果泥 100 克、百香果泥 120 克、香蕉果泥 70 克、白桃果泥 60 克、
細砂糖 75 克、蛋黃 100 克、牛奶 250 克、吉利丁片 25 克、冰水 100 克、
動物性鮮奶油（乳脂 35%）500 克、荔枝香甜酒 80 克、燴芒果 270 克

● 芒果淋面材料：

芒果果泥 180 克、馬斯卡邦起司 250 克、動物性鮮奶油 100 克、鏡面果膠 150 克、
吉利丁片 7 克、冰水 42 克

● 燴芒果材料：白蘭地 27 克、新鮮芒果 300 克、奶油 10 克

● 綜合水果慕斯作法：

1 蛋黃加入細砂糖打發。

2 牛奶煮滾，加入作法 1.，再回煮至 85℃ 呈現濃稠狀離火。

3 將 5 種水果果泥加入作 2. 中攪拌均勻。

4 吉利丁片用冰水泡軟，加入作法 3. 中拌均融化，降溫至 18℃。

5 動物性鮮奶油打發，和水果白蘭地及燴芒果一起拌入作法 4. 中攪拌均勻。

● 芒果淋面醬作法：

1 將芒果果泥、馬斯卡邦起司、動物性鮮奶油和鏡面果膠隔水加熱融化拌勻。

2 吉利丁片用冰水泡軟，加入作法 1. 中拌勻。

● 燴芒果作法：將奶油融化，放入芒果拌炒，再加入白蘭地炒勻即可。

· ·

組合：

1 慕斯圈底部先鋪一塊香草蛋糕，灌入綜合水果慕斯至五分滿，再鋪上一塊香草蛋糕，

2 最後灌入綜合水果慕斯至滿，抹平表面，放進冰箱冷凍成型。
  成形後脫模，淋上芒果淋面，再以裝飾材料裝飾即可。

· ·

50道超人氣 French Baking 法式烘焙

作　　者 / 許正忠・陳其伯

發 行 人 / 程安琪

總 策 劃 / 程顯灝

總 編 輯 / 潘秉新

主　　編 / 陳霓瑩

美　　編 / 王欽民

封面設計 / 王欽民

出 版 者 / 橘子文化事業有限公司

總 代 理 / 三友圖書有限公司

地　　址 /106 台北市安和路 2 段 213 號 4 樓

電　　話 /（02）2377-4155

傳　　真 /（02）2377-4355

E-mail /service @sanyau.com.tw

郵政劃撥 : 05844889　三友圖書有限公司

總 經 銷 / 貿騰發賣股份有限公司

地　　址 / 新北市中和區中正路 800 號 14 樓

電　　話 /（02）8227-5988

傳　　真 /（02）8227-5989

http://www.ju-zi.com.tw
橘子 & 旗林 網路書店

初　　版 / 2012 年 1 月

定　　價 : 新臺幣 340 元

ISBN :978-986-6062-16-2（平裝）